# 我的小小金融学

涂志勇　赵田甜◎著　刘　彦◎绘

 中山大学出版社
SUN YAT-SEN UNIVERSITY PRESS

·广州·

**图书在版编目（CIP）数据**

我的小小金融学 / 涂志勇，赵田甜著；刘彦绘. —广州：中山大学出版社，2022.5

ISBN 978 – 7– 306 – 07426 – 3

Ⅰ . ①我…　Ⅱ . ①涂…②赵…③刘…　Ⅲ . ① 财务管理 — 少儿读物　Ⅳ . ① TS976.15–49

中国版本图书馆 CIP 数据核字（2022）第 025374 号

出 版 人：王天琪

策划编辑：曹丽云　高 洵

责任编辑：高 洵

封面设计：林绵华

责任校对：苏深梅

责任技编：靳晓虹

出版发行：中山大学出版社

电　　话：编辑部 020-84110776，84110283，84110771，84110779
　　　　　　发行部 020-84111998，84111981，84111160

地　　址：广州市新港西路 135 号

邮　　编：510275　　　　传　真：020-84036565

网　　址：http://www.zsup.com.cn　E-mail:zdcbs@mail.sysu.edu.cn

印 刷 者：广州市友盛彩印有限公司

规　　格：787mm×1092mm　　1/16　6.5 印张　90 千字

版次印次：2022 年 5 月第 1 版　　2022 年 8 月第 3 次印刷

定　　价：36.00 元

如发现本书因印装质量影响阅读，请与出版社发行部联系调换

# 前　言

　　小朋友们在成长过程中，会接触到各种各样与金融相关的生活场景。家长如能适时地予以引导，小朋友们的财商就会自然而然地成长起来。我们将平时与孩子互动的场景提炼刻画出来，并与相关的金融知识有机结合，从而形成了这本小书。

　　从某种意义来说，金融就是社会的一面镜子。我们期望小朋友们通过阅读这本书，不仅能够轻松地学到金融的常识，同时也能领悟生活的智慧。

　　感谢中山大学出版社为本书出版做出的努力。

　　书中如有纰漏，敬请读者批评指正。

# 目　录

# 第一章　钱是什么

钱是什么？我们对钱再熟悉不过，每天都要与它打交道。早起上学路上买早餐，放学再来一杯柠檬茶，周末去书店买几支果汁笔，都需要用到钱。我们每天都接触它，但对它既熟悉又陌生。今天，我们就来谈谈钱是什么。

# 一、钱的功能

**宝宝**：爸爸，能给我买一只智能手表吗？我的同桌小花就有一只，她想她爸爸妈妈的时候随时都可以打电话，想听故事的时候手表也可以讲给她听。爸爸，我也想要！

**爸爸**：不行啊，爸爸这个月的钱都花完了，要等下个月咯。

不行啊，爸爸这个月的钱都花完了，要等下个月咯。

**教授说**

我们用钱才能在市场上购买到我们想要的商品或者服务。

爸爸这个月的开销很多，需要还房贷，买车险，交水、电、煤气、物业费，等等，最后所剩无几，自然没法给宝宝买智能手表了。

那么，钱是从哪来的呢？钱，正是我们为社会或他人提供所需的产品或者服务，从对方那里挣来的。

宝宝：下个月就有钱了吗，爸爸？为什么呢？

爸爸：对啊，等爸爸再熬上几个夜，下个月把《机器学习》书稿的最后一章写完，交给出版社编辑就可以拿到稿费了，有了稿费就给你买！

爸爸擅长研究与写作，他通过努力写作挣取稿费。他之所以能从出版社编辑那里获得报酬，是因为他书稿中的知识经过读者阅读，转化为生产力，进而为整个社会创造价值。

爸爸提交书稿挣到的钱，最终购买了宝宝想要的智能手表。而生产智能手表的厂商获得销售收入，又会去购买原料，再进行新的生产。

这样，商品与劳动在不同个体之间，通过钱这个媒介，实现了不断交换。

因此，钱本质上是一种人类交易活动的媒介，它是促进社会高效运转最重要的一个工具。

## 二、理性消费

是不是有了钱就可以随意买东西？
喜欢的东西那么多，要不要都买回家呢？

宝宝：爸爸，我要这个
芭比娃娃，她太漂亮了，
我要带她回家。

爸爸：又要一个吗？你
每次出来都要带回一个
芭比娃娃，可是你已经
有五六个了呀！

宝宝：我就是想要嘛！

宝宝：妈妈的手机上收到一
个信息，说只要带7个小伙
伴去智能手表店里玩，我就
可以免费获赠一只手表。这
太好了，不用花钱，我就有
手表了！

爸爸：天下哪有免费的午餐！你想想看，如果你带7个小朋友过去，
商家只要能将产品成功卖给其中一个小朋友，那么送给你的手表就能赚
回来了。

再好好看看，广告信息里有没有写送你的是什么手表？如果是一只玩
具手表呢？这是商家惯用的模糊概念，不能贪小便宜哦！

**爸爸**：所以啊，为了下个月能给你买智能手表，爸爸只能老老实实加班赶工，没有别的捷径哦。

**宝宝**：爸爸加班太辛苦啦！那我不要智能手表了，你多陪陪我！

**爸爸**：你说出这样的话，真让我又难过又欣慰啊。

**教授说**

小朋友们喜欢的东西很多，想要拥有是正常的想法。但是，有的时候买东西是冲动消费，往往买回去就不再使用了，那可就是浪费了。

随着传播媒介和方式的改变，商家也悄然改变了售卖方式，比如很多商家开始使用新媒体常见的推送模式。

智能手表厂家看似免费赠送，其实暗藏更多的付出。小朋友邀请7个小伙伴去店里可不容易，然而最终却可能得到一只货不对板的手表，赠送的这只手表就是厂家的获客费用。最终的赢家还是商家。

所以，世界上没有免费的午餐，想要得到就需要付出。

小朋友们没有参加工作，没有为社会提供劳动，所以没有钱挣，平时的消费主要是爸爸妈妈来支付。

要知道，挣钱可不是一件容易的事情。爸爸妈妈需要努力工作，可不像小朋友们过家家，而是要为社会提供高质量的劳动，创造真正的价值的。

所以，小朋友们要体谅爸爸妈妈，看到喜欢的东西先冷静几分钟，要合理消费，不能过度消费，更不能浪费。

毕竟，能天天和爸爸妈妈在一起，相互陪伴才是最幸福的！

## 三、钱不是万能的

> 既然钱可以买来喜欢的东西，可以让我们提高生活质量，那是不是所有东西都能用钱买来呢？

**宝宝**：爸爸，今天我的同桌小花又得了一颗小星星，我还是没得到，你能不能从小花那把她的小星星给我买过来啊？

**爸爸**：……

**教授说**

　　钱可以购买好多好多的商品，但是我们一定要记住，钱并不是万能的。有很多东西是钱买不到的！比如说，感情、友谊、荣誉。

　　星星虽小，但它代表的是荣誉，体现的是老师对小花同学优异表现的认可。这种认可能买来吗？当然不能。小朋友们需要通过自身的努力与奋斗来争取。

　　要知道，钱的本质只是商品与服务进行交换的媒介。一个人最大的财富并不是钱，而是对社会的付出和贡献。

　　真诚的友谊、善良的心灵、内心的快乐、生活的智慧，这些都不是钱能买来的。正因为它们是人之初心，才弥足珍贵。

　　希望小朋友们在成长的过程中，能不忘初心，砥砺前行，做自己喜欢的事情，不要成为金钱的奴隶！

## 四、深度阅读

### 货币的形态与价值

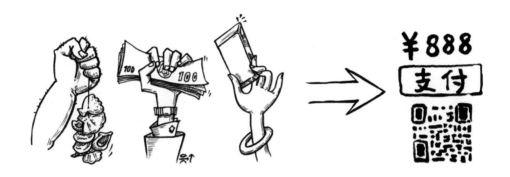

　　我们日常使用，并广泛进入社会流通的钱，也称为"货币"。在人类漫长的历史中，使用什么样的材质来制作货币，取决于当时人类的科技水平。

　　人们早期使用贝壳作为货币，因为可以就地取材，贝壳质地坚硬且耐用，一个个自成一体，用线绳串起来，便于携带。

　　随着生产力水平的提高，人们开始从矿产中提取各种贵金属，比如黄金等作为货币。黄金的性质十分稳定，不易锈蚀，便于长期持有与使用；同时，黄金还有很好的延展性，质软而易切割，方便交易。

　　步入现代社会，由国家信用支撑，发行了纸币。纸币非常容易携带，方便我们日常使用。

　　虽然货币在历史上曾有各种不同的形态，但不变的是，它们都为特定时代的人们所接受，成为储存价值的实体。人们为社会提供劳动，从而获得货币收入；而货币又对应着相应的购买力，持有者可以用它们买到等值的商品。

　　现在，人们经常使用手机钱包进行支付，传统的纸币变成了手机里的数字，出门已经可以不用带钱包了。而货币实物形态的消失，并不意味着货币价值存储功能的丧失，我们只是把有形的纸币数字化了。

　　人类货币形态的演变，从有形到无形，反映了人类技术的进步。而货币的价值，依托的仍然是信用。

　　信用这个概念有点虚无缥缈，它到底是什么？我们将在后面的章节做详细介绍。

## 五、史料一瞥

### 新中国第一套人民币中的"绝品四珍"

中华人民共和国第一套人民币是 1948 年 12 月 1 日由新成立的中国人民银行印制发行的法定货币。

这套人民币一共印制发行了 12 种面额、62 种版别。最小的面额为 1 元，最大的面额是 5 万元。到 1955 年 5 月 10 日，第一套人民币就停止了流通。由于存世量较少，现在这套人民币具有很高的收藏价值。

下图是第一套人民币中的珍贵品种，市场上称其为"绝品四珍"。这 4 种纸币当时只流通于我国部分地区，目前存世极少。

一个国家货币上的图案，一般都是反映发行时的政治、经济、社会与文化面貌。

小朋友们可以看到，上图人民币中，一万元面额的"牧马"描绘的是内蒙古牧民放马的情景，5000 元面额的"蒙古包"刻画了牧民的住所蒙古包，500 元面额的"瞻德城"展现了新疆瞻德城的远景，而一万元面额的"骆驼队"则勾勒了一支行走在沙漠上的骆驼队伍。

小朋友们会发现这 4 张人民币的面值都比较大。要注意的是，货币的实际购买力并不能只看面值。一种货币的购买力具有鲜明的时代特征，取决于当时货币发行的数量以及社会的物资供给情况等多种因素。

以第一套人民币为例，当时一万元面值的人民币只能买到十几斤大米，与现在一万元的购买力真是不可同日而语。

# 第二章　价格是什么

　　一斤青菜 3 元，一杯奶茶 10 元，一件衣服 100 元，一辆 16 寸自行车 999 元，一辆汽车从十几万到几十万元，甚至上百万上千万元……这些数字代表了什么？

　　价格是什么？价格是一成不变的吗？是什么在影响价格呢？

# 一、价格会波动

**宝宝：**小花你看，这是我妈给我买的运动鞋，花了200元呢！

**小花：**你这鞋不是和我的一样吗？可是我的只花了100元哦。

**宝宝：**我知道为什么，因为你的鞋走起来不能像我的这样能 blingbling 发亮啊！

小花你看，这是我妈给我买的运动鞋，花了 200 元呢！

blingbling

**教授说**

商品都有价格，一个商品的价格，就是我们为了买到它而必须支付的金钱数量。

不同的商品往往会有不同的价格。某个商品需要支付的金钱数量越多，我们就说这个商品越贵；反之，则越便宜。200元的鞋子就比100元的要贵。

建议小朋友们在消费时，在质量和功能相同的前提下，货比三家，选择物美价廉的商品。这样，省下的钱还可以去买别的东西哦（感觉好像赚到了）！

但是，有时贵的商品也有贵的理由，不然怎么会有"物有所值"的说法呢？比如，有的商品会有更多的功能，用更好的材质。如果你

叶叶：我的鞋和你的一模一样，也可以 blingbling 发亮，却只花了 100 元哦！

宝宝：（迷惑不解地）为啥？

叶叶：我妈妈是在六一儿童节打折时买的，大人说这种打折叫"打到骨折"啊，哈哈哈！

特别在乎这种功能，就像期望走路时鞋子能发光那样，那么就需要支付更高的价格。

可以看到，如果没有钱的流通，我们就没法给不同的商品标定各自的价格，我们的购买决策就缺少必要的信息。可见，钱在经济生活中是必不可少的。

另外，我们也注意到，商品的价格也不是一成不变的。价格有时会上涨，有时会下跌，这是经济规律。

商家有时会在节假日对商品进行打折。打折就是降价，10 块钱打 7 折就是 7 块，200 块打 5 折就是 100 块。商家打折是为了达到促进销售的目的。当你喜欢的商品价格下降时，就是购买的好时机。

叶叶的妈妈就是抓住了六一儿童节时商家对运动鞋打折的机会，用低得多的价格，买到了同样的商品。

# 二、什么影响价格

商品的价格总是涨涨跌跌。消费者总是想在低价时买入，而商家则期望在高价时卖出。那么，到底是什么在影响商品价格的变化呢？

**宝宝：**爸爸，我想去楼下的那家湖北菜馆吃饭。

**爸爸：**不去，又贵又不地道，热干面做成了酸辣粉，面窝做成了甜甜圈！

**妈妈：**你还真有想象力，还甜甜圈呢，这么洋气。你那是老皇历了。自从对门开了一家粤菜馆，湖北菜馆就紧张啰，每天推出特价菜，还送甜品，味道也变好了，现在去吃很划算呢。

爸爸，我想去楼下的那家湖北菜馆吃饭。

**教授说**

当类似的商品供应越来越多时，它们相互之间就有了竞争。这时，商家就会通过降价的方式来吸引顾客。

当湖北菜馆没有其他餐馆和它竞争时，菜品不仅贵，而且品质也不好。一旦开了另一家餐厅，消费者就多了一个选择，商家间也出现了竞争。湖北菜馆为了吸引顾客，就会降价促销。

妈妈：宝宝，你的钢琴课套餐快上完了，下周咱赶紧续上！

宝宝：我有个好主意，要不等钢琴老师的课打折时再续？

妈妈：你……你还真是不忘记"现学现卖"啊！你那钢琴老师可是名师，你不学了，同学东东、西西、北北都虎视眈眈排队呢。她的课不可能打折的，不涨价就谢天谢地了。关键是，学习不能中断！

宝宝：（调皮地）Yes, madam（是，女士）！

另外，如果一种商品或服务有很多消费者喜欢，大家都趋之若鹜，导致供不应求，那么，这种商品或服务的价格就会上涨，因为它越来越稀缺，要获得它必然要付出更多的货币。

宝宝的钢琴老师水平很高，教学也很有耐心，所以有很多小朋友都想跟她学习，那么她的学费怎么会打折呢？

可见，商品价格的波动也是有迹可循的。商品供应多了，价格就会下降；而如果需要商品的人多，奇货可居，那么价格就会上涨。

# 三、价格的作用

商店里琳琅满目的商品排列在一起,与它们对应的都有一个价格牌。虽然都是玩具,可是价格不一样;虽然都是笔,可是价格也会不一样。如果我们手上的零用钱是固定的,那我们该如何去选择呢?

**宝宝:** 今天我有 100 元零花钱,终于可以自己做主,去商店买我喜欢的玩具了。

**店家小姐姐:** 妹妹,你想要什么玩具?我这儿有翼龙,100 元一个;小兔子,50 元一个;长颈鹿,也是 50 元一个……

**教授说**

每个商品都会有相应的价格,商品的价格在很大程度上影响了我们的购买决定。

小朋友们如果用钱买了商品 A,就没钱买商品 B。到底是买 A 还是买 B 呢?我们不仅要考虑自己的喜好,还要考虑它们的价格。

宝宝喜欢翼龙,但是她没有买,因为翼龙太贵了,买了它,就不能买长颈鹿了。为了和自己

**宝宝：**这些玩具我都想要，可是我只有 100 元。只能买一个翼龙，或者两个小兔子，或者两个长颈鹿，再或者，一个小兔子加一个长颈鹿。

**妈妈：**你这小算盘打得不错，加减法学得还挺好。这不是你最喜欢的翼龙吗？咱就买它吧。

**宝宝：**不要，我要买一个小兔子和一个长颈鹿。我的好朋友最喜欢长颈鹿了，我要送一个给她，一起玩！

的好朋友分享玩具，她选择了第二喜欢的小兔子和好朋友最喜欢的长颈鹿。

可见，不同商品的价格体现了它们各自的替代关系。一个翼龙等于两个小兔子，也等于一个小兔子加一个长颈鹿。如果买了翼龙，就不得不放弃小兔子加长颈鹿这个选项。

在面对琳琅满目的商品时，小朋友们需要仔细思考，要根据不同商品的价格，比较各种选择，进而做出最满意的决定。

对于我们来说，分享才是最开心的，不是吗？

## 四、深度阅读

### 利息是使用货币的价格

我们知道，钱被用于商品的定价，那么钱本身会有价格吗？当然有。利息正是我们使用货币的价格。

有人急需一种商品，而又暂时没钱的时候，他就需要从周围有余钱的人那里，获得对他们的金钱的使用权，这称为"借款"。

如果你向小张借了 100 元，过了一年，你就需要还给他 105 元。这多出来的 5 元，就是你使用小张 100 元一年的价格，我们称之为"利息"。

利息除以本金就是利息率，又称"利率"。5 除以 100 等于 5%，这 5% 就是从小张处借款一年的利率。作为借款人，我们当然希望利率越低越好。而出借人却是希望有一个更高的利率。

那么，小张为什么要借钱给你呢？他完全可以用他的钱去做别的事情，比如吃一顿大餐。小张放弃了他的即时消费，因此获得了利息。可见，利息正是对小张推迟消费的回报。利息越积越多，过了一段时间，小张就可以消费更多了。忍一忍，值！

和其他商品价格一样，利率也是波动的。有时一年的利率会高达 20%，有时也会低到接近于 0。人们一般会在利率高时把钱借出去，因为回报高啊；而当利率低时，就是自己用钱消费的好时机了。

小朋友们，记得把你们的压岁钱存起来哦。存到银行里，就叫"储蓄"。储蓄，就是我们把钱错给银行，银行会给我们利息。那么，银行到底是干吗的？为什么还能给我们利息呢？后面马上就会讲到啦！

## 五、史料一瞥

### 新中国第一枚生肖猴票

邮票是很多爸爸妈妈儿时的美好回忆。

一封信寄给远方的亲朋好友，需要贴上一张小小的邮票，邮局才会帮我们投递。每张邮票上都会有一个面值，如右图中的 8 分钱，就是 20 世纪 80 年代普通信件投递服务的价格。

新中国第一枚生肖邮票，是发行于 1980 年 2 月 15 日的猴票（上图）。画面的金猴翘首端坐，底色选用大红色，显示出传统的新春佳节的喜庆气氛。

1980 年，一张猴票只要 8 分钱，这是当时寄一封信的价格。但是，如果你能保存一张 1980 年的猴票至今，价格却可达上万元了。

12 年后，到了 1992 年的猴年，中国邮政又发行了新的猴票，我们称之为"二轮猴"，即第二轮的猴票。当时一张二轮猴的面值是 20 分，比 12 年前的 8 分可贵了不少。但是，二轮猴就算保存到现在，它的价格也不过几百元，其价值增值完全不能和 1980 年的（首轮）猴票相提并论。

可见，一个商品，如果其价值能随着时间的流逝而增长，那么它就不仅仅是一个普通商品，而成为一种收藏品。而不同收藏品，它们的价格走势可谓千差万别。小朋友们如果喜欢收藏，一定要擦亮双眼，找到自己的那张"猴票"！

# 第三章　公司是什么

我们每天去上学，爸爸妈妈每天要去公司上班，那他们在干什么呢？公司到底是干什么的？为什么会有公司呢？

# 一、公司生产商品

**宝宝:**（恼火地）爸爸，这个电脑绘画板真不好用，没有更好的画板吗？

**爸爸:** 爸爸刚攻克了一个计算机识别上的技术难点，正琢磨着成立一家公司，应用全新技术，来生产更流畅的绘画板呢。

**宝宝:** 太好了，这个讨厌的绘画板，再见！

**爸爸:** 别急！爸爸只是想想……咳咳……

**教授说**

那么，问题来了，什么是公司呢？

最早在拉丁文中，公司是指"和你一起吃面包的人"。真是很形象啊，公司可以看作一群人在一起分工合作，从事生产与销售工作，共同赚取"面包"，养家糊口。

可见，公司是经济生活中一种重要的组织形式。公司为人们的日常生活提供各种各样的商品与服务。有提供餐饮服务的公司（前面提到的湖北菜馆与粤菜馆就是），有生产服装的公司，有建房子的公司，有提供交通运输服务的公司，等等。

**宝宝：**爸爸，你平时给我修小玩具，不是一会儿就搞好了吗？不要只是想想，我相信你能成功！

**爸爸：**生产全新的绘画板和给你做小玩具可不是一回事。你想想，如果你们全班同学每个人都想要一个小玩具，爸爸做得了吗？

**宝宝：**这……

**爸爸：**量产，量产！要持续为社会提供优质产品，靠个人的力量是很难实现的。爸爸得叫上几个朋友，一起成立公司才行。

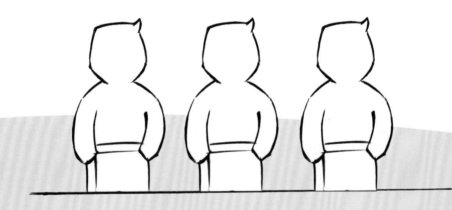

　　只有当消费者愿意去购买公司提供的商品时，在公司工作的人才能获得收入，才有面包可吃。因此，产品质量过硬，能获得消费者认可，是公司经营最重要的原则。不然，就算生产出来了，也没人买，公司的员工只能去喝西北风了。

　　一个公司里一定是很多人在一起工作，因为年复一年、日复一日持续地为社会提供优质的产品是十分复杂的活动，没有团队的合作是不可能实现的。一个人再厉害，也不可能完成全部的工作啊。

　　爸爸要应用新技术为大家生产更好的绘画板，就得邀请更多的人一起参与这项事业，组建公司那是必须的。

## 二、公司的股份与分红

> 　　一起玩的好朋友叫"闺蜜""死党"，那一起开公司的叫什么？
> 他为什么要跟你一起开公司，而不是跟别人？经营公司是为了什么呢？

**宝宝**：爸爸你这么忙，你的朋友们也很忙，他们怎么会想和你一起去
开公司呢？

**爸爸**：爸爸有新的技术，再叫上两个好朋友，一个善于管理，另一个
长于销售。三个人优势互补，都是公司创始股东，劲往一处使，把好
产品做出来！

**宝宝**：什么是股东呀？做产品的人就是股东吗？

**爸爸**：股东就是公司的所有者，创始股东就是最开始把公司开起来的
几个人啊。不过呢，不同的股东，拥有公司的份额也会有所不同。

什么是股东呀？做产品的人就是股东吗？

爸爸：开公司是需要勇气的，因为要投入大量的时间、精力、资金，如果最后市场不买账，那就都打了水漂。

宝宝：那我可不敢！

爸爸：你赶紧把作业做完！爸爸畅想一下未来，如果能成功呢，那么股东就可以按照各自持有公司的份额，来分享公司赚到的利润啦！爸爸是大股东，分红也就多多呢。不过，我是负责核心技术的，担子也是最重的啊。

宝宝：明白了，股份越多，陪我玩的时间越少……

成立公司，首先需要确定公司的所有权，即公司归谁所有的问题。所有权是一个公司最基础的问题，所有权决定了由谁来主导公司的日常经营以及各类重大决策。

如果是多人合伙，各自贡献相应的资源，一起成立公司，那么公司就归合伙人共同所有，创始人称为"股东"。

教授说

同为股东，其持有的公司股份可能并不相同。这里的股份，是指拥有公司所有权的份额。股份可以按公司创立时各个股东对公司经营贡献的大小进行合理分配，也可综合考虑其他因素来分配。

由于爸爸提供了关键技术，而技术就是公司的核心竞争力，因此爸爸的股份最多，是大股东；爸爸的两位好朋友则按比例分配剩下的股权，是小股东。

我们知道，公司要营利，就必须将产品销售出去。但同时，公司将产品生产出来，也需要投入大量的人力与物力。如果销售收入能超过投入，那么公司就能获得利润。这里的利润，就是指公司经营所获得的总收入减去总投入之后的剩余。而股东呢，则能按照各自的股份比例来分配利润，这就是我们平时说的"分红"。

假如爸爸的公司今年能销售600万元，而总的生产经营投入是500万元，那么，公司就获得100万元的利润。再假设爸爸占股51%，那么按照股份比例，爸爸就可以分得51万元。相反，如果公司生产出来的产品消费者不喜欢，那么公司的投入就不能带来收入，利润就成了负数，不仅股东没有利润可分，公司本身也会陷入经营不下去的窘境。

虽然大股东能以更大的比例获取公司的利润，但对公司的运作也承担着最大的责任。如果公司经营失败，大股东的损失也最大。

小朋友们，创业需要勇气，也需要缜密的筹划，希望你们将来都可以找到自己的核心竞争力，拥有自己的事业。

## 三、公司的目标

几个朋友一起开公司，开心就好了吗？
公司的目标是什么？

**宝宝**：爸爸，不是说新的绘画板六一儿童节上市吗？现在都 8 月了，还没见到影！

**爸爸**：快了，快了。绘画板需要的一款玻璃面板突然缺货，就差这个部件了。

**小胖叔叔（爸爸公司合伙人）**：这么等着也不行啊，公司的人员、材料一直在支出，公司的资金撑不了多久了……要不换一家面板厂家吧，它的面板效果差不多，还便宜。

**爸爸**：这可不行，我们选择的是破碎风险最小的面板材料，对于小朋友使用的产品，我们必须做到安全第一啊！

快了，快了。绘画板需要的一款玻璃面板突然缺货，就差这个部件了。

## 教授说

公司除了股东，还有很多员工。他们不拥有公司股份，也不参与利润分红。但是他们需要参与公司的日常经营、生产及销售等工作。相应地，公司则需要给他们支付工资作为劳动报酬。

爸爸的公司因为关键原料缺货，新产品迟迟不能上市，公司产生不了收入。如果这种情况持续下去，公司可能就经营不下去了，那么，公司的员工就会失去工作，也就失去了工资来源。

经营公司，不仅仅关系到股东的分红，更关系到公司员工的就业与生计，这正是公司股东的压力所在。所以，爸爸的合伙人小胖叔叔提出用一种较便宜的面板材料替代，这样新产品就能早点上市销售了。

但是爸爸反对这种方案，因为他希望使用质量最好的材料，为小朋友们生产最安全的产品。也就是说，公司要把消费者的利益放在首位。

可见，一个公司在经营的过程中，会有很多目标，包括股东的分红、员工的就业、消费者的利益以及社会责任等。

经营好公司，就需要在多个目标中寻求一个良好的平衡，可不能顾此失彼啊。

## 四、深度阅读

### 公司是法人

人与人在社会中活动、交往，都需要遵循共同的行为规范。如果大家都不遵守行为规范，那么社会就乱套了，正所谓"没有规矩，不成方圆"。在这些行为规范中，有些规范是由国家保障实施的，我们称之为"法律"。

和我们"自然人"相对应，公司往往被称作"法人"。这里的"法人"并不是真正的人，而是在共同的行为规范（法律）框架下，能够像自然人一样从事各种活动的组织。

自然人是自然出生的，而法人则是依法设立的。当公司注册成功时，公司法人就诞生了。这时，公司就可以从事各种经营活动，比如购买、生产、雇用、借贷等，从而与社会中各类主体形成不同的关系。当然，这些关系都必须符合相关法律，谁叫咱是"法人"呢。

理解了公司是法人之后，公司就一点也不神秘了。公司就是一个商业组织，在法律上，它和我们自然人差不多，我们能干啥，它也能干啥。

一个公司如果经营得好，可以持续存在好几百年，我们称之为"百年老店"。这样的公司法人可比我们自然人的寿命长多了。

相反，如果公司经营不善，只有支出，没有收入，那么公司就会以注销、转让、清算等方式被关闭。公司关闭了，法人就消失了。但在公司中工作的人员可没消失，他们就需要重新出发，去别的公司找"面包"吃了。

## 五、史料一瞥

### 新中国第一家股份公司

　　1984 年 7 月 25 日，新中国第一家股份公司——北京市天桥百货股份有限公司（以下简称"天桥百货"）在北京成立。这也是中国第一家由多种经济成分入股集资的公司，首期向社会招股 300 万元，公司发展由此步入了快车道。

　　下图是天桥百货公司的工商企业营业执照，由北京市工商行政管理局发放。公司依法成立，被准许经营。这个执照可以说是天桥百货公司这一法人的"出生证"。

　　从执照的"经济性质"一栏可以看到，公司是由全民、集体以及个体合营。全民就是国家所有，集体则是指由部分劳动者组成的集体所有，而个体就是个人入股。

　　因此，天桥百货公司就是多种主体合伙的股份公司。各主体都是公司的股东，都能参与公司分红，同时也为公司的发展贡献各自的资源与力量。

　　"众人拾柴火焰高"，公司的发展正是这个道理啊。

# 第四章　银行是什么

　　我知道，银行就是楼下人来人往，大人们存钱的地方呗。不过，他们为什么要把钱存进银行呢？活期和定期又是什么？钱是我的，为什么有的钱存进银行不可以随便取出来呢？

# 一、银行吸收存款

宝宝：奶奶，我现在特别想吃水果酸奶，你陪我一起做吧。

奶奶：不行，不行，没时间啊，我约了银行的小刘经理，帮你把这压岁钱给存了。

宝宝：压岁钱是我的，为什么给银行？

奶奶：银行有储蓄服务啊，它们不仅负责保管你的钱，还会给你利息，让钱生钱呢。

压岁钱是我的，为什么给银行？

**教授说**

储蓄，是指我们把钱存起来，等到以后再使用的行为。

奶奶要把宝宝的压岁钱存起来，就是想着孩子暂时不用这笔钱，在家放着还不如放到银行去赚取些利息。

我们本可以马上将钱用于消费，而储蓄则推迟了我们的消费。那么，这么做有回报吗？有的，利息就是我们的回报！推迟消费越久，获得的利息就越多，货币随着时间的推移逐渐地增值，所以，利息正是货币时间价值的体现啊。

小朋友们有时会把零钱放到猪猪储蓄罐里，这是一个很好的习

宝宝：哦？那钱存多久才能变多呢？

奶奶：钱存多久有不同的选择，可长可短，都会有利息的，而且不同银行还有细微差别。不说了，给你讲完估计银行都下班了！

惯。当我们知道了货币的时间价值后，可以让爸爸妈妈带我们去银行开一个账户，把压岁钱或者零用钱存到银行去，若干年后会收获惊喜哦！

银行正是负责经营我们储蓄的金融机构，而我们放在银行里的钱就称作"存款"。存款根据存放时间的长短，可以分为活期存款和定期存款。

活期存款就是我们可以随时取回的存款，对我们来说很方便，但对银行来说，经营这笔钱很不灵活，因此给我们的利息也很低。

定期存款则是和银行约定一个时间——一年、两年、三年或更长的时间，在约定的期间不能随意取出，否则就会失去利息。

银行当然更喜欢那些选择定期存款的客户，因为经营这笔钱更灵活，不用担心客户时不时地支取。因此，银行会给定期存款更高的利息，以吸引人们多多存定期。

银行用我们存的钱做什么呢？难道让存款像在猪猪储蓄罐中那样，只是换了个更大的"储蓄罐"放着吗？当然不是！钱在猪猪罐里是不会生出利息的，钱需要经营才能生钱。下面，我们就来看看银行到底是如何经营我们的存款的吧！

## 二、银行发放贷款

银行除了储蓄，还做什么呢？银行也有产品吗？

**银行刘经理：** 大家好，我是银行的小刘，我们银行有好多产品，总有一款适合你哦。

**宝宝：** 有适合我们家的吗？

**银行刘经理：** 家庭一般最常接触到的有各种商业贷款，比如用于买房的房贷、用于买车的车贷，等等。哟，你们家在我们银行可有房贷哦。

**宝宝：** 难怪妈妈每个月底都要提醒爸爸别忘了还房贷。原来那是你们的产品啊！

**银行刘经理：** 你们家买房子的时候没有那么多钱，所以先跟银行借了，然后每个月再逐步偿还。

**爸爸：** 我可是每月按时还款，没少让你们赚利息哦。

难怪妈妈每个月底都要提醒爸爸别忘了还房贷。

**教授说**

　　银行通过支付利息来吸引存款。如果暂时没有更好的理财方式，又不想让钱白白躺在家里，人们就会选择把钱存到银行。

　　那么，银行吸引来存款，又是如何经营的呢？最主要的办法就是发放贷款，也就是将银行存款出借给各类借款人，来获取收益。

宝宝：爸爸说的"利息"，是我存钱的那个"利息"吗？

银行刘经理：哈哈，虽然都叫"利息"，但是性质不一样。银行给你家发放的房贷，你们不仅要归还本金，每年还要向银行多支付 5% 的利息（假设）哦，我说的是贷款利息。

宝宝：但是我存一年只有 3% 的利息（假设）啊，我说的是存款利息！

银行刘经理：小朋友很有潜力，你现在知道你的存款利息从哪来的吧？哈哈哈！

比如一家人需用钱买房，而现有资金又不够时，就得向银行申请贷款。拿到银行的贷款，就可以买房，我们可以先住进去，贷款后面再慢慢还。

我们知道，存款是推迟消费，而贷款则正好相反，是提前消费。钱不够，银行凑呗。银行帮助人们提前实现了大宗商品的消费，消费者就需要付出代价。这个代价，就是比存款利息还要更高的贷款利息。

向银行借了钱不仅要向银行归还贷款本金，还需要向银行支付贷款利息。比如家里的房贷利息率是 5%，而普通的存款利息率只有 3%。5% 的贷款利息拿出 3% 来支付给储户，还能剩 2%，这就构成了银行经营的利润哦。

可见，银行经营资金业务，就是拿不急着用钱的人的存款（比如小朋友们的压岁钱），来解决着急用钱的人的需求（比如爸爸妈妈们的房贷）。

对于储户来说，本来闲置的资金可获得利息收入。而对于借款人来说，如果没有银行的贷款，他可能就无力实现购买房屋等大宗商品的梦想。所以，银行的经营使各方受益，银行自然也能获得合理的回报哦。

# 三、银行管理信用

> 通过一次次的借贷，我们在银行的信用会有变化吗？

**爸爸：** 刘经理，我的房贷终于快还完了，以后不用再给银行打工啰。

**银行刘经理：** 嘿嘿，您要不再考虑考虑我们其他的贷款产品？利率可以给您打个折！

> 我的房贷终于快还完了，以后不用再给银行打工啰。

## 教授说

所谓信用，直白点讲，就是说话算数，借了钱，按约定归还。

对于经营资金业务的银行来说，甄别借款人的信用好坏，直接关系到银行的"生命"。

宝宝：爸爸，为什么刘经理总是给你介绍产品呀？

爸爸：因为这些年还房贷，爸爸每月努力"搬砖"挣钱，收入稳定。银行知道爸爸是诚信可靠的，它们就喜欢这种诚信客户！如果银行放款给了信用不好的人，那就可能鸡飞蛋打啦。

对于信用不好的借款人，银行发放的贷款可能到期收不回来。如果这种情况普遍化，一旦储户要提取存款，银行将难以兑付，进而陷入危机。

所以，银行往往会对信用不佳的借款人要求一个较高的借款利率，以弥补可能遭受的损失，有时甚至直接拒绝他们的借款申请。

而对于信用很好的借款人，银行则会给出一个较低的优惠利率，因为到期贷款收不回来的可能性几乎没有，这个业务是一定能挣钱的。

刘经理努力争取让爸爸办理更多的业务，并且承诺可以给爸爸一个优惠利率，就是因为爸爸信用良好，是一个优质的借款客户。

小朋友们，做一个信用良好的公民，不论对个人还是社会来说，都是十分重要的。在下一章中，我们就要展开讲讲信用这一内容啦。

# 四、深度阅读

## 银行是金融公司

小朋友们，我们现在了解了银行是如何开展业务的，那么银行到底是什么呢？事实上，银行就是从事金融业务的公司哦。是的，银行也是公司。

这下明白了吧，原来银行和开餐馆、卖服装、运货物的各类公司本质上是一样的，都是公司，都面临着赚取利润的压力。所以小刘经理要千方百计吸引客户到他所在的银行来存款，同时努力招揽优质的贷款客户。要不然，客户去了别的银行，业务就丢了。

虽说银行也是公司，但它们属于特殊类别的公司，因为它们从事的是一类特殊的业务——金融业务。"金融"就是资金融通："融"就是募集资金，"通"就是发放资金。因此，银行就成为资金流转的中介。如果没有银行，有资金需求的人和资金富余的人就难以有效地对接哦。

正因为银行也是公司，所以我们可以看到小区楼下的银行网点里，每天都有保安、柜员、经理、财务等各类人员在上班。为了做好资金融通这一工作，他们共同努力着。

小朋友们长大后想去银行工作吗？

# 五、史料一瞥

## 新中国成立的第一家银行

1948年12月1日，中国人民银行在河北省石家庄市"小灰楼"宣告成立，成为新中国成立的第一家银行。

右图是小灰楼旧貌，它是中国人民银行在石家庄成立时的办公地点，为3层小楼。因这座建筑通体为灰色水泥砖混结构，故称为"小灰楼"。我们在第一章中介绍的新中国第一套人民币，就是在这个"小灰楼"里诞生的。

中国人民银行在成立初期，不仅与现在的商业银行一样，经营存款与贷款业务，而且还发行流通的货币——人民币。通过对20世纪50年代初期票据资料的研究，我们发现，当时一般性储蓄存款，一年的利息率为3%左右；而贷款的利息率则高得多，为18%左右。

现在的商业银行可不能发行货币，它们要发放贷款，只能通过吸收存款来获得资金。显然，发行货币是一项服务于整个社会的公共职能，如果所有银行都能发行货币，那就乱套了。

所以到了1984年，中国人民银行正式剥离了存贷款业务，成为专门从事金融管理、制定和实施货币政策的政府机构。

# 第五章　信用是什么

　　两个好朋友，我相信你，你也相信我，这是相互的诚信。可是如果有一天你问我借了一支笔，却不小心弄丢了，那么，下一次我还会借给你吗？

## 一、信用与信任

**小明：** 我能加入你们的作业小组吗？我对你们的小组项目好感兴趣哦。

**宝宝：** 不行！还记得上次吗？我们说好的一起做小组作业，可是你为了多吃一个甜甜圈，居然提前跑掉了，害得我一个人收拾一片狼藉。哼，我再也不跟你一起完成小组作业了。

哼，我再也不跟你一起完成小组作业了。

**教授说**

　　信用是指因为能够履行与他人的约定而取得的信任。而信任正是人们合作的基础。如果人们相互猜疑，一起合作共事是不可想象的。

　　而合作对于人类社会的发展那是相当重要的，毕竟一个人的力量是有限的。我们每个人都有自己的优势，比如有的小朋友擅长绘画，

小明：这次肯定不会啦！我让我妈妈提早买好甜甜圈和酸奶，我们一起吃，一起做作业，好不好？

宝宝：我不吃，甜食吃多了不健康呢。算了算了，我就再相信你一次吧！

有的小朋友心细手巧，他们合作就好比 1+1 > 2，比单独一个人能做出更好的作品。

如果参与合作的人不信守约定，合作团队的其他人就要替他完成工作，反而加重了负担。久而久之，大家就都不愿意和失信的人合作了。

本来可以愉快地合作，就因为一次失信，合作变得比以前困难多了。可见，个人信用的缺失会使人受到谴责与孤立，在现代社会中将会寸步难行。

所以，小朋友们一定要做诚实守信的人哦。

## 二、个人信用

信用和信用卡有关系吗？如果我们不守信用，银行会生气吗？

**宝宝：** 妈妈你看，我这个学期各科考试都得了一百分，你说过奖励我一辆自行车的。

**妈妈：** 哎呀！我差点忘了。你努力学习，妈妈也要说到做到，守信用，多亏你提醒哦。妈妈就刷信用卡来给你买辆自行车吧！

**宝宝：** （挠头）咦？刚才妈妈说的"守信用"，和信用卡的"信用"是一回事吗？

**教授说**

我们在上一章中讲到，银行的收益来源是给借款人发放贷款而收取的利息。

但是从借款人拿到钱，到还本付息，这之间是存在一段时间的。正是这段时间，能让资金像种子一样成长，从而产生了利息。

由于借款与还款存在天然时间差，借款人的信用就显得尤为重要。如果借款人没有按约定还本付息，在约定的时间内还不上钱，那银行就会产生损失。

所以，我们说信用是金融之本。没有信用作为前提，类似借款、信贷这样的资金融通活动是不可能发生的。

对于信用良好的客户，银行会给他们发放信用卡。用这个卡，消费者可以先行消费，后面再偿还。所以，信用卡本质上就是一种便捷的贷款服务方式。

　　妈妈是信用良好的客户，当然就可以刷银行发的信用卡为宝宝买自行车了。

　　小朋友们都知道，如果大人忘记了给你们的许诺，你们就会生气，怪大人不守信用。如果消费者没有按时偿还刷信用卡的消费，难道银行也只是生气吗？

　　事实上，银行在发放信用卡时，一般需要一些条件作为担保。比如工作证明，证明你有正当而稳定的收入来源作为偿还信用卡消费的基础；又如，学生如果申请信用卡，就需要提供父母或者监护人的信息等。

　　因此，可以说，信用就是信任。银行因为信任你，才会给你发放信用卡。随着你的信用积累，信用卡的额度，也就是银行承诺给你的贷款上限也会相应增加哦。

## 三、信用记录

> 什么是信用记录？信用记录是谁在记呢？

**宝宝：** 爸爸，你说话不算数，每次答应带我去海边玩，都不带我去，没！信！用！

**爸爸：** 爸爸工作忙，不过在梦里面带你去过好多次了……

**宝宝：** 哼，差评！爸爸在我这里信用记录不好！

**爸爸：** 你这个小东西，还活学活用啊！哈哈，爸爸赔礼道歉，海边一时半会去不了，不过我可以先带你去吃点好吃的。

**宝宝：**（尽显吃货本色）好耶，吃好吃的！

**教授说**

　　社会上通常是根据个人的信用记录，来判断一个人的信用好坏。如果一个人每次借款都能按约定的时间还本付息，而另一个人却时不时要求延期或者直接消失不还，那么我们说，前者的信用优于后者。

　　在楼下餐馆，由于爸爸是常客，并有着良好的消费记录，偶尔没带钱，餐馆也会让他先消费，以后再付款。这种方式，可以看作餐馆给爸爸的信用销售。

（楼下餐厅）

**爸爸**：老板，和平常一样，给我俩各来一碗热干面、米酒加蛋。

**老板**：扫码下单呗，我这上系统了，嘿嘿。

**爸爸**：哇，转型升级啦。哎呀，出门着急，没带手机。呦，这钱包也没带。我们要回家去拿手机了。

**老板**：没事，老熟人了，我记着，您下次再给吧。热腾腾上来啰！

**宝宝**：爸爸你面子真大，能不给钱就吃饭。

**爸爸**：老爸我在你那里信用记录差，那是因为爸爸工作太忙了。可是爸爸是诚信的好市民，你看在这儿，爸爸就暂时"刷脸"吃饭了，明天我上班路过时给他补上。

如果没有这笔信用销售，爸爸和宝宝可就吃不了美食了，而餐馆也做不成这笔买卖。可见，良好的信用能够促进我们的消费，繁荣我们的经济生活。

小朋友们，信用是逐步积累的，它难得易失，是宝贵的财富。大家务必要珍惜，尤其是不能留下不良的信用记录哦。

# 四、深度阅读

## 货币与信用

商品交易往往伴随着金钱的支付。我们的支付方式也越来越便捷，从古老的实物方式向现代的虚拟方式转变。

从背负金银，到身揣纸币，再到刷信用卡，现在，我们手点鼠标，指划手机，甚至只是刷个脸，就能完成支付。尽管货币从有形变成无形，但它们依然能有效地完成支付功能，因为人们一如既往地相信它们。

可见，货币的基石并不是其物理形态，而是信用！

金银成为货币，源自天然信用。因为金银具有贵金属的天然特性，人们自然信任其价值。纸币，乃至数字货币成为货币，源自国家信用。因为国家为其发行的纸币或数字货币做担保，从而使人们相信其价值。

小朋友们都知道钱很重要，现在大家明白了钱的本质原来是信用，那么信用的重要性就不言而喻了。

# 五、史料一瞥

## 20 世纪 50 年代某公司赊购券

　　我们已经知道，作为自然人，信用在我们平时的生活中十分重要。那么，公司作为法人，也是有信用的吗？

　　当然，和自然人一样，公司也可以参与资金融通，它们的信用就叫"商业信用"。左图是中华人民共和国成立初期，体现当时商业信用的一种票据——赊购券。

　　这个券上注明是 1952 年 8 月 1 日，山东省油脂公司通过合作社赊购了生米 30 斤，每斤 1730 元，共计 51900 元。赊购时间是 3 个月。

　　这里的赊购，是指买方先获取货物而不用马上付款，可延期付款的行为。就像餐厅允许爸爸（自然人）下次再付餐费一样，这里的票据是允许山东省油脂公司（法人）先提走 30 斤生米，3 个月后再付款。

　　显然，这是卖方提供给山东省油脂公司的商业信用。基于对该公司的信任，可以先提货，后付款，从而大大促进了货物的销售。可见，能够提供商业信用，也是公司的重要竞争优势。

# 第六章  股票是什么

小朋友们经常听到大人们聚在一起，眉飞色舞地谈论着股票。股票是什么东西？为什么这么吸引大人们呢？它是钞票、门票那样的票吗？

## 一、股票募资

**银行刘经理：** 王总，你们公司做的绘画板我儿子说特别好用，就是价格有点贵啊。

**爸爸：** 我们刚开始做，规模小，成本高，价格一时下不来啊。

**银行刘经理：** 那你们得赶紧扩大规模。只有规模上去了，这成本才能降下来哦。

**爸爸：** 你这是又想给我介绍银行贷款吗？哈哈！

你这是又想给我介绍银行贷款吗？哈哈！

**教授说**

经营好一家企业是很不容易的事情，需要考虑方方面面的问题，其中最重要的两个考量，一个是成本，一个是收入。

我们把生产一个产品所需要的所有投入称作"成本"。如果产品的成本高，企业为了不亏损，只能相应给产品定一个较高的价格。但是，高价必然导致一部分消费者放弃购买。

爸爸创立的公司还在起步阶段，研发、厂房、机器等投入都很大，而产量小，必然会导致成本高。所以，刘经理建议他们扩大生产规模，增加产量，这样总成本就会被摊薄，单个产品的售价就能降下来。

可是，扩大生产规模需要资金，资金从哪儿来呢？爸爸以为还是和初次创业一样需要向银行贷款，用贷款来扩大生产规模，等将来产品带来更多收入后，再归还贷款。可是这次刘经理提出的建议是发行股票。

**银行刘经理：** 这次啊，我来找机构帮你们。通过发行股票的方式，公开筹集资金，实现跨越式发展！

**宝宝：** 刘叔叔，股票是啥？是动物园门票的那种票吗？

**爸爸：** 当然不是！股票是咱大人的票，不是你们小孩的票。嘿嘿，还真的想试试呢。

**银行刘经理：** 宝宝，发行股票就是出让部分公司股份给公众。一旦公开募集了，你爸他们的公司就成了公众公司，股民们都是公司坚强的后盾，公司的发展才能充满动力哦。

爸爸的公司目前只有 3 个股东：爸爸和他的两个好朋友。简单来说，如果他们将自己所持股份拿出来一些，出售给公众，这就是发行股票。虽然爸爸他们需要放弃一部分股份，在企业分红时所得比例也会因此变少，但是能获得发展资金，将企业这块"饼"迅速做大哦。

股票就是公司的股份凭证，买了股票就成为公司的股东，可以获得公司的利润分红。所以对公众来说，看好哪家公司，就可以通过购买股票的方式来参与、分享该公司发展的红利。

购买股票的个人，我们一般称作"股民"。中国现在的股民总数接近两亿人，刘经理因此认为一定会有很多人看好爸爸的公司，从而购买公司发行的股票。

通过发行股票，爸爸的公司就可以获得新的发展资金。这里小朋友们要注意，和银行贷款不一样，通过发行股票筹集到的资金就成了公司的钱，不用再还给股票的购买者了，因为他们也成了股东，一家人不说两家话！

## 二、股票上市

股票上市是什么意思呢？和销售产品一样吗？能卖个好价钱不？

**爸爸：** 发行股票嘛，好是好……但是，乍听起来像是爬珠穆朗玛峰呢……迷茫且艰难。

**银行刘经理：** 发行股票听上去挺神秘，其实就是卖股份呢，本质上和卖电脑绘画板没有太大区别，哈哈！

**爸爸：** 但是绘画板有价，公司无价哦。

**银行刘经理：** 别着急，第一步就是要给您的公司估个价。专业人做专业事，这事就交给我们的团队吧！

专业人做专业事，这事就交给我们的团队吧！

**教授说**

公司要发行股票，就是要将公司的股份卖给股民，让股民也能分享公司经营的利润。那么，股民要付多少钱来购买呢？也就是说，股票的最初发行价格如何确定呢？

首先就是要给公司确定一个总的价格，来看看整个公司到底值多少钱。给公司定价，可比给蔬菜、衣服、汽车这样的有形实物定价要复杂多了，需要专业的机构来做。银行除了传

**爸爸：** 你可别低估哦，公司可比绘画板贵多了，会有人买吗？

**银行刘经理：** 这就是第二步！再将公司股份细分为大量的细小份额，每一份称为"一股"。看看，这单价不就下来了吗，一股也就十块八块的……

**爸爸：** 嘿，这么看，买几股公司股份比买绘画板还便宜。有信心了！

统的存款与贷款业务之外，有时也会提供这样的服务。所以，刘经理要向爸爸积极争取这个业务。

确定了公司的总体估值后，还需要将公司的股份细分为大量的小的份额，从而使每一份（每股）的单价降下来。之所以需要这样做，是因为股民虽然数量庞大，但并非每个人的资金都很雄厚，大部分人只能买一点点，重在参与嘛！所以，只有当每股的价格较低时，才会吸引更多的人来购买。

最重要的是，股票在哪儿买呢？买电脑绘画板要去商场，买股票难道要去"票场"？小朋友们，买股票确实也要去特定的场所，但它不叫"票场"，我们称它为"股票交易所"。它是公众买卖股票的专门场所，也是股民们流连忘返的地方哦。我们在后面会讲到，由于互联网技术的发展，股票交易也可在网上进行了！

正所谓"众人拾柴火焰高"，因为有更多的人（股民）参与进来，公司才能迅速获得大量资金，用于扩大规模，降低成本，从而让产品在市场上的价格更具竞争力。

# 三、股票交易

同一只股票，为什么会有人买，又有人会卖呢？

**银行刘经理：**马大爷，您看这只新上的科技股，创始人靠谱，行业成长性强，关键是价格不贵啊！只需花 10 块钱买一股，就可以做股东啦。

**马大爷：**小刘啊，上次你推荐的一只新股，我现在还套着呢。这只 10 块钱的股票，我是不看好的……

（第二天）

**马大爷：**我晕，这只股票还真大涨了！

小刘啊，上次你推荐的一只新股，我现在还套着呢。

## 教授说

一只股票上市后，发行股票的公司就成为公众公司，就有千百双眼睛看着公司的经营与发展。人们可以根据自己对公司前景的判断，在股票交易所自由买卖这只股票。

爸爸公司的股票以每股 10 元的价格上市后，如果大家看好公司的发展，就是认为公司未来的价值将会比现在更高，那么现在立即购买就能赚钱。而当大家纷纷购买时，就会导致股票价格上涨。

相反，如果大家不看好公司的发展，就会纷纷抛售。这样，股票价格就会下跌，甚至跌破股票的发行价 10 元。

马大爷是资深股民，长期在股票市场上买卖各种股票。他买入一只股票，必然是看好这家公司，想着价格未来会上涨；而他卖出一只股票，想必是不看好这家公司，赶紧卖了这家公司的股票，转而去买别家的。

由于人们对公司发展的看法总在不断变化，因此股票的价格总是涨涨跌跌，充满了不确定性。毕竟影响一家公司经营好坏的因素实在太多了，我们又没有魔法水晶球，没办法看到未来。

刘经理给马大爷推荐过股票，按马大爷的说法，"还套着呢"！这意思是说，现在该股票的价格早跌到当时购买价以下了，也不知道啥时候能涨回来。哎，看走眼了……

所以马大爷对刘经理推荐的爸爸公司新上市的股票是否能上涨表示相当的怀疑。结果，爸爸公司的股票竟然大涨了！马大爷后悔不已……

人们常说足球是圆的，这说的是足球能滚到哪儿谁也不知道。事实上，股票也是一样啊，谁能百分之百准确预测它到底是涨还是跌呢？不过，这种不确定性不正是股票的魅力所在吗？相信每个人心中都有一颗"水晶球"吧！

# 四、深度阅读

## 股份公司的有限责任

一家股份制公司发展得好不好，往往要看大股东是否经营有方。如果经营策略过于激进，公司扩张过度依赖借款，而营业收入还不上升时，公司就会陷入破产的窘境。

那么，提供这些借款的债权人该怎么办呢？

债权人可以走法律途径，依法将欠款公司的剩余财产变卖，来偿还债务。这时，能还多少是多少，债权人可不能跑到股东家里去，看到什么东西值钱就搬走。因为，股东对公司的责任是有限的，公司债务并不牵涉股东的个人财产，我们将这种公司称为"有限责任公司"。

股票上市的公司都是股份有限责任公司。它们将股东对于公司的责任，仅仅限制于所购股份的价值之内。股民买了一家公司的股票，最大的损失就是所买的股票价值归零了，绝对不会有上市公司的债权人跑到股民家里去讨债的事情发生。

这种对于股东有限责任的设计，目的在于鼓励更广泛的公众参与到公司股份的募集中来。这样，中小公司才能更容易地获得社会资金，进而更快地成长为大公司。

## 五、史料一瞥

### 新中国第一只股票

上海飞乐音响股份有限公司（以下简称"飞乐音响"）是新中国第一家上市的股份制有限责任公司，正式上市于 1984 年 11 月 14 日。右图就是当时一股飞乐音响的股票。

从图中可以看到，整个公司的股份被细分为 4 万股，每股厘定的发行价格是 50 元，以方便大众购买。这样，飞乐音响在发行时的总价值就是 50 元 / 股 x 40000 股，为 200 万元。

股票上市后，大家就可以对股票进行买卖了。如果人们看好飞乐音响未来的发展，就会出现抢购，那么股票价格就会上涨，以后再用 50 元就买不到一股了。

小朋友们猜一猜，飞乐音响的股票上市后，价格到底是上涨了，还是下跌了呢？事实是，到 1990 年上海股票交易所正式成立，飞乐音响在交易所交易时，它的价格和发行时的 50 元相比，已经上涨了 7 倍多了！

我们现在发行股票，已经不再需要像以前那样，发行纸质凭证了（如上图）。现在使用的是电子凭证，买卖股票也不用填表打电话了，直接在网上下单就行。

互联网也改变了金融行业。

# 第七章　风险是什么

工厂缺货了！股票下跌了！今天考试出现了一道没学过的题！这些生活中的意外，时不时会冲击一下我们的小心脏。那么，我们应该如何看待这些意外，或者说风险呢？

## 一、风险表现

**宝宝：** 爸爸，小明的妈妈买了你们公司新上市的股票，现在竟然跌了一半！

**爸爸：** 小明家股票的事情你怎么知道的呢？

**宝宝：** 那是因为小明今天放学不请我吃棒棒糖了，她说因为股票的事，她的零花钱被她妈妈给砍了一半。

**爸爸：** 哦，淡定、淡定，股价跌下来和小明的零花钱减少了，这些都是暂时的。爸爸公司的二代绘画板马上就要上市售卖了，未来股票的价格肯定会一飞冲天！

**教授说**

在经营公司的过程中，会出现很多突发状况，或者说意外。比如，原材料涨价或缺货、竞争者开发出同类产品、管理团队解散……这些都是公司经营所面临的风险。

这里我们所说的风险，就是指当我们从事经济活动时，直面未来而无法完全预知，但又可能发生的各种不好的状况。当风险真的发生时，就会干扰公司的经营，从而影响公司股票的价格。

**宝宝：**爸爸，为什么你公司刚上市的时候，股票涨势如虹，大家纷纷去买，结果现在却和马大爷一样，被套住了呢？

**爸爸：**这就是股票市场的风险啊！二代电脑绘板的研发出现了一些意想不到的难点，又碰巧爸爸的合伙人小胖叔叔突然病倒了，所以我们新品推出市场的计划被延误了。股民们一下子从乐观转为悲观……

**宝宝：**明白了，股票的价格原来和公司的经营有关系呀。不过我相信，风雨过后就是彩虹呢！爸爸加油哦！

爸爸的公司研发新品，因为突现技术难点以及合伙人意外病倒等风险事件，进度被拖慢了。在这个过程中，公司只有投入，没有产出，因此对公司的利润有很大的负面影响。

这样，购买了爸爸公司股票的股民能够分享的利润就会越来越少，甚者可能完全没有。于是他们失去信心，会选择卖掉股票，转而去买别的公司的股票。而当卖股票的人越来越多，买的人越来越少时，股票的价格就会大幅下跌。

股票价格的涨涨跌跌，正是股票风险的体现。持有股票的人们，心情往往会随着股价的变化而时好时坏。比如小明的妈妈，在股票大跌时，减少了小明的零花钱，而这可不是小明的错哦。

当股票价格大幅波动时，股民需要有良好的心理素质，能够做到冷静分析。如果一个公司只是遭受暂时的意外状况，那么它的经营一定会很快回到正轨，股价也会重拾升势。

## 二、风险偏好

**奶奶：** 看我把你的压岁钱存银行英明吧。如果像小明妈妈那样买股票跌了，现在你该哭鼻子了吧？

**宝宝：** 存银行难道就没风险吗？银行会不会到期不让我们取款，或者不给利息呢？

**银行刘经理：** 不可能，我们银行说话算数，不含糊。

**教授说**

在人们的经济生活中，风险是客观存在的。不管我们喜不喜欢，风险因素就在那儿，时不时冒出来折腾我们一下。

奶奶厌恶风险，所以她最喜欢将钱存在银行，因为银行存款是无风险的资产，存银行本金不会损失，还有固定利息拿。

**宝宝:** 我当然知道银行会把储户的钱发放给需要资金的人,可如果收不回来,那不也是有风险吗?

**银行刘经理:** 你学得可真快!放出去的贷款确实有收不回来的可能哦。但是呢,银行会将所有风险自己扛下来,就算发生了损失,那也是银行自己承担,与储户无关。承诺给你们的本金与利息,那是一定会给的!

**奶奶:** 奶奶年纪大了,就喜欢这种没风险的。小刘啊,还有啥产品?再给我介绍介绍!

但是有人会担心,银行会不会违背自己的承诺呢?这基本是不可能的。因为银行发放贷款时,是要看借款方信用记录的,没有还款能力的人,那是不能轻易放款给他的。就算万一发生了小小的状况,银行的备用风险金也能应对,这样的风险是绝对不会让储户承担的。

而股票与银行存款大不相同。股票的价格有涨有跌,价格上涨时购买者可能获利,而下跌时购买者则可能遭受损失,所以股票是风险资产。

人们会根据自己的风险偏好来选择不同的理财方式。奶奶最不喜欢风险了,所以总是选择将不用的钱存在银行里面收取利息。

## 三、风险与收益

风险这么不好，我们是不是要离它远远的呢？风险与收益之间是什么关系？

宝宝：爸爸，今天小明又请我吃棒棒糖了。

爸爸：哦？这回她怎么说？

宝宝：小明说她妈妈买的你们公司的股票不仅涨回去了，还翻了一倍呢，所以今天多给了她10块钱零花钱。

爸爸：哈哈，公司风险解除，二代绘画板成功上市啦，爆款耶！

### 教授说

银行存款与股票，都是能给我们带来收益的金融资产。小朋友们需要了解的是，金融资产的收益总是与它的风险相互关联的。一般来说，风险高的，收益也高；风险低的，收益也低。下面我来给大家解释一下这个道理。

先来看银行存款。我们知道，银行支付给储户的利息来源于借款者的还款。万一借款者还不了，银行也要将本金与利息足额支付给储户。所以，这个风险是被银行自己完全承担了，也可以说，银行将这个风险管理起来了。

　　由于银行完全承担了风险，必然要求获得相应的回报。所以当贷款利息率是一年7%时，银行付给宝宝的存款利息率却只有5%。那么，中间的2%，就是银行承担风险所要求的回报。

　　而如果买了股票，就成了公司的股东，将承担公司经营中所有可能的风险，可没有机构来帮你分担这个风险了。所以一旦公司失败，损失就很大；相反，如果成功，其收益就会比银行存款高得多，因为也没有机构来分享你的收益哦。

　　小明的妈妈买了宝宝爸爸公司的股票，股价像坐了过山车。那个波动可真是令人紧张，这个风险只能由小明妈妈一个人承担，当然，产生的收益也都归小明妈妈啦。

　　面对风险，我们不要畏惧，只有沉着应对，勇于承担，才会有新的收获，才能不断进步。

# 四、深度阅读

## 风险度量

风险无时不在，要管理好风险，小朋友们首先要学会如何判断不同风险的大小。

比如，大家都喜欢吃苹果，那么你们愿意付给我两块钱，玩一个吃苹果的游戏吗？

第一个游戏是给你们一枚硬币，你们开始抛硬币。如果正面朝上，我奖励一个大红苹果给你们；如果背面朝上，那么就没有苹果吃，你们的两块钱就打水漂了！

第二个游戏是给你们一个色子，你们开始掷色子。掷到6，我奖励一个大红苹果给你们；如果掷到别的数字，那么就没有苹果吃，你们的两块钱也打水漂了！

现在提问：哪个游戏的风险更高呢？毫无疑问，肯定是第二个游戏的风险高啊！

抛硬币只有正面与背面两种可能，小朋友们只要抛到其中的一种可能，即正面，就可以吃到苹果。而掷色子却有1、2、3、4、5、6共6种可能，在这6种可能中，小朋友们只有掷到6这一种可能，才能吃到苹果。想都不用想，比较两个游戏，掷色子中奖的可能性比抛硬币的要小得多，吃不到苹果的风险当然也高多啦！

由于两个游戏的奖品都只是一个苹果，因此它们的收益是相同的，风险却大不相同。这时，我们当然应该选择风险更小的游戏。小朋友们，抛硬币走起！

## 五、史料一瞥

### 新中国最早的国库券

除了银行存款之外，还有一类无风险的金融资产，那就是国家发行的国债。发行国债就是国家向公众借款，用于筹措资金，开展国家建设。

由于国债是国家发行的，是基于国家信用，显然没有违约的可能。购买了国债，不仅像银行存款那样有利息拿，而且比银行存款还要安全。

下图是新中国最早的国库券，它是国家在 1981 年向公众发行的一种借款凭证。国库券是一种特殊形式的国债，借款期限为 5~9 年，每年的利息率是 4%。

这张国库券面值 100 元，正面印有露天煤矿的图案，并有"中华人民共和国国库券"字样，还有发行的年份及编号。

国库券背面则印有"中华人民共和国国库券条例"，说明了国库券发行与流通需遵循的规范。加上那个"中华人民共和国财政部"的大红戳，看上去是不是觉得很有信心呀？

# 第八章　保险是什么

　　爸爸妈妈每年给你们买医疗险啊，意外险啊，这险、那险的，感觉像护身符似的，它们到底是什么呢？"保险"的"险"是"风险"的"险"吗？保险保的是什么？

# 一、保险提供保障

（医院里）

**宝宝：**小胖叔叔，身体好点了吗？我还等着你一起去放风筝呢。

**小胖叔叔：**真是天有不测风云，人有旦夕祸福啊！身体好好的，就突然病倒了，耽误事啊。公司的新品上市怎么样了？

**爸爸：**好好休息小胖，二代绘画板已经顺利上市了！来，给你一个体验体验。

**小胖叔叔：**那就好。多亏公司给咱们都买了保险，医药费、住院费保险公司报销了不少，不然我下个月可要喝西北风了……

**宝宝：**西北风？西北风正好放风筝！

## 教授说

生活中存在各种各样的风险，比如自然灾害、人身伤害、财产意外以及突发疾病等。这些风险，我们不希望看到，但又不能完全避免。

保险正是这样一种承诺，当这些风险发生时，对我们的损失进行补偿的承诺。提供这种承诺的公司，就是保险公司。所以，保险是保险公司为社会大众提供的一种保障性的产品。

多云公司给咱们都买了保险，医药费、住院费保险公司报销了不少，不然我下个月可要喝西北风了……

小胖叔叔身体一直不错，却在公司新品上市前病倒了，这就是意外，或者说风险发生了。

好在公司给所有员工都购买了保险，所以小胖叔叔的医药费就可以由保险补偿一部分。要不然，这个意外不仅会让小胖叔叔身体受罪，还会让他的钱包变瘪瘪。

所以，保险的功能，就是为人们生活中可能遇到的种种突发情况或者意外提供有效的保障。

## 二、保险是风险互助

保险是怎么工作的呢?

**爸爸:** 公司给大家买的这个保险一年费用只要几百元,这次给小胖叔叔直接报销了几千元,给力!今年公司得给大伙都续上。

**宝宝:** 我有一个问题!保险公司收入几百元,但支出几千元,这不是不划算吗?

**教授说**

我们知道,保险是保险公司为社会提供的保障产品。那么,作为消费者,要购买产品,就得支付一定的对价,这就是我们常说的交保费。

**爸爸：** 你是想说保险公司亏了吗？哈哈，你只看到保险公司赔付的这部分开销，但是公司一百多位叔叔阿姨，他们可都交了保费哦。大部分的人都没有生病呀。

**小胖叔叔：** 宝宝，保险公司可不会做亏本买卖！现在明白了吧，赔给我的医药费，正是来自大家交的保费啊。

保险公司为客户提供各种风险保障，比如车险、学生险、商业险，等等。有的人风险发生了，保险公司就得赔偿；但很多人风险并没有发生，保费就归保险公司了。

那么，保险公司用什么方法来维持经营呢？那就是用没有发生意外的客户所交的保费，来赔付发生意外的客户的损失，以及维持自身的运营。

由此可见，保险公司本质上是搭建了一个风险互助平台，每个客户的风险大家扛，同时，每个客户又要扛大家的风险。因此，小胖叔叔的风险是被同事们给分担了，而这正是保险的重要作用——风险分担。

## 三、不是什么都能保

保险这么好，什么都能保吗?

**宝宝**：那我可有个好主意！咱生了病再买保险，没病咱就不买，这样行吗?

**爸爸**：当然不行，保费得先交！没事最好，一旦有事啊，咱才有得赔啊。

**宝宝**：看来买保险就是买安心，交保费就是安心费啰。爸爸，这几天我有点不安心，睡也睡不好。

**爸爸**：怎么啦，宝宝?

**宝宝**：下周就要期末考试了，我担心考不好……所以，想问下有没有保考试考满分的保险呢?

**爸爸**：（恼火）……

**教授说**

　　小朋友自作聪明，想等到风险事件发生之后再买保险，但如果所有人都这么做，那么，保险公司将面临每个客户都需要赔付的可怕情景，而钱又从哪里来呢?

　　所以，保险公司一般在销售保险时都有详细约定，不管风险事件是否发生，保费都是要交的。只有这样，小部分人发生风险了，他们的损失就可以用大部分未发生风险的人所交的保费来赔付。

　　至于宝宝想买一份满分险，小朋友们，你们觉得可能有这种保险吗？我们在第一章就知道，钱不是万能的，并不是所有东西都能买到，比如荣誉。所以保险公司是不会提供这种保险的！

　　况且，对于小朋友是否能考满分这个特殊事件，保险公司也是没有办法准确计算风险的，自然也无法给这种保险定价啦。

# 四、深度阅读

## 保险定价

　　有风险的地方，就会有保险的需求。保险公司的工作，就是发现这些风险点，为客户提供相应的保障产品。

　　市面上存在各种各样的保险产品。有提供生命保障的人寿险，有提供健康保障的医疗险，有提供财产保障的车船险，还有航空延误险、手机碎屏险等，不一而足。

　　保险公司需要对不同的风险进行衡量，从而确定合适的承保价格，也就是保费水平。这可是保险公司的核心能力：定价高了，客户不买账；定价低了，保险公司就会亏损。

　　比如手滑了，摔碎手机屏幕，想必小朋友们都会痛心疾首。但谁能保证在沉迷手机、入戏太深时，不会出点意外呢？有了这种保险产品，就可以安心了。

　　假设保险公司基于大量人群的数据，发现这个碎屏的可能性是千分之一，也就是说，在 1000 个人中，只有一个是手抖马虎虫，那么，如果一个碎屏的赔付额为 1000 元，每个人只需要交一元的保费就行了。为什么这么说呢？因为如果有 1000 个客户，保险公司总共收入 1000 元保费，而其中只有一人摔屏，他获赔 1000 元，保险公司的收支正好打平。

　　真实的保险产品，对其风险定价可比我们这个例子要复杂多了。因为还要把公司经营的成本、利润等多种因素考虑进去。所以，我们把这一精确的计算过程称作"精算"。

　　小朋友们，如果你们想长大后从事精算工作，那么现在赶紧把数学学好吧！

## 五、史料一瞥

### 20 世纪 50 年代的保险单

　　中国人民保险公司是中华人民共和国成立后建立的第一家全国性的保险公司。火灾险则是其最早的险种之一。

　　右图是 1952 年的一张中国人民保险公司销售的火灾保险保单。可以看到，这是一张为期一年的火险保单，保障范围包括衣服、行李、家具以及房屋等各种标的物。保障的额度是 100 万元，而保费则为 3000 元。

　　那么，这张保单的保费率，就等于它的保费除以保额，即 3000 元除以 100 万元，等于千分之三。也就是说，平均下来，每 1000 元的火灾风险保障，要交 3 元的保费。

　　比较我们发现的该公司同时期销售的其他火灾险保单，可以看到它们的保费率并不相同，有千分之一的，有千分之五的，还有千分之八的，等等。

　　之所以保费率不同，是因为这些保单所保障的物品范围并不相同。对于不同的物品，其发生火灾的风险千差万别，因此，相应的保险产品定价也会不同。风险高的，保费定价就高些；而风险低的，保费定价也相对较低。

# 第九章　投资是什么

大人们常常教导我们要珍惜宝贵的时光，努力学习，投资自己。那么，什么是投资呢？小朋友也可以投资吗？

# 一、投资与消费

**爸爸:** 宝宝,到年底了,不容易啊,公司今年克服了不少困难,终于可以分红啦!爸爸也要奖励你一个大红包!说,想要点什么呢?毛毛熊、乐高还是立体书?

**宝宝:** 过去这一年,我学了不少东西哦……你说的这些我都不想要,我要买股票!

**爸爸:** 你……才多大,还不能买卖股票。至少要到 18 岁以后,才能开立合法的账户进行股票投资哦。

**教授说**

我们说的金融上的投资,就是克制当下的消费,将资金省下来,投放到未来能产生更多财富的用途上。

银行存款除了本金,还能产生利息;股票除了股本增值,还能获得分红。存款、股票都是常见的投资标的。

那我在等待长大的日子里，岂不是错过了投资的机会？

**宝宝**：那我在等待长大的日子里，岂不是错过了投资的机会？

**妈妈**：当然不是啦，宝贝。如果投资是为了让未来变得更美好，那么现在好好学习、掌握更多的知识、锻炼强健的体魄，不是最好的投资吗？

　　小朋友们常常经受不住立即消费的诱惑，有了钱，就马上去买自己喜欢的东西。可是投资却像种树，要从一颗种子开始，一天一天，慢慢地长成参天大树。

　　由此可见，投资需要有耐心，投资的回报正是来源于时间的沉淀所产生的价值。

　　宝宝能克制消费，想去投资股票，说明宝宝在过去一年真的成长很快。她明白，投资就像种子，能随着时间逐步增值，当最后沉淀为大额财富时，当年的那些毛毛熊是不是早就烟消云散了？

　　现在小朋友们还小，能把压岁钱、零用钱节省下来就很不错了，爸爸妈妈可以帮助指导你们进行一些金融投资。

　　而小朋友们现在可以做的，就是投入大量时间去学习、去锻炼，这就是投资自己。绝不能有了时间就去刷手机，这对你们的成长可没好处哦。

## 二、投资与风险

> 为什么大人总说不要把鸡蛋放在同一个篮子里呢?

**宝宝:** 妈妈,你要的鸡蛋我买回来了。我还特意分了两个袋子装,鸡蛋不能放在一个篮子里哦。妈妈快表扬我!

**妈妈:** 哈哈,乖孩子,谢谢你帮忙。分开放是对的,风险分散嘛。

**爸爸:** 对的,投资就像放鸡蛋,也需要分散哦。只有这样,才能把投资的风险降到最低啊。

**教授说**

　　我们已经知道,在市场上,有各种各样的资产可供我们投资。有的资产风险较大(比如股票),有的资产风险较小(比如保险),而有的资产则可以认为是完全无风险的(比如银行存款)。

　　当我们做投资时,不能仅仅关注那些风险小的资产,因为它们的收益也会相应地低不少。而那些风险大的资产,虽然有时会让我们心跳加速,但是往往蕴含着高收益的可能。

　　因此,投资既要关注收益,又要关注风险,我们需要在两者之间寻求一个良好的平衡。

这时，最好的办法，就是进行多样化的投资。只有这样，才能在获取收益同时，有效地分散投资风险。

把鸡蛋放在一个篮子里，是形容投资过于集中，一旦发生风险，损失将十分惨重。我们要尽量避免犯这样的错误。

而分散投资的关键，就是要发现那些关联性不强的资产，并把它们组合在一起。这样，万一某个资产下跌了，也不影响别的资产。

比如，宝宝可以让妈妈帮忙，把压岁钱一部分存进银行，一部分去买一些股票。当股票价格上蹿下跳时，存款还在银行稳稳地产生利息。它们就是关联性不强的资产，所以可以成为一个好的组合。

明白了这个逻辑，小朋友们是不是已经在暗自规划自己的未来投资了呢？

# 三、深度阅读

## 市场——现代经济的基础设施

## (一)

市场是现代经济的基础设施，我们前面讲到的货币、价格、公司、信用、银行、股票、风险、保险、投资等，都离不开市场这个大的载体。简单地说，市场就是交易，或者买卖发生的地方。

我们已经知道有各种各样的市场，比如，奶奶常去的菜市场，马大爷天天交易的股票市场，等等。可是"不识庐山真面目，只缘身在此山中"。市场与我们的生活关联如此之紧密，以至于我们平时都没有感受到它们的重要性。

以平日里我们最熟悉的菜市场为例，那是一个买菜的固定场所，各种菜品的卖家集中到这里，在相应的摊位摆放他们的菜品，供消费者挑选购买。消费者想吃什么，在菜市场就能买到。没有这个市场，老百姓的日常生活就不会这么方便。如果市场关闭了，菜品就没法顺利流转，不论是买家还是卖家，生活都会受到严重的影响。

事实上，不管是在什么市场里，每天发生的其实都是类似的买家与卖家的故事哦。

## (二)

小朋友们发现没有，我们在本书中学到的各种知识，现在看起来，其实都与市场密不可分啊。

首先，买卖双方在市场上进行交易，需要有一种通用的价值媒介，这就是货币。可以说，货币的产生是离不开市场的。

市场上的买家与卖家总是在讨价还价。这体现的是产品销售方与产品购买方的持续竞争，最终形成了商品价格。这种竞争，时而卖家强势，时而买家强势，从而导致商品价格总是处于上下波动之中。

一手交钱，一手交货，这是市场交易活动的基本原则，也是最基础的信用。没有信用支持，市场机制是很难正常发挥作用的。所以，我们常说，市场经济就是信用经济。

在市场中的活动主体，可以是像你、我一样的自然人，也可以是具有法人地位的公司与机构。银行、保险公司等金融机构就是金融市场的重要活动主体，它们是金融市场上举足轻重的买家或卖家。

由于市场主体总是处于不断竞争之中（而竞争本身又会受到各种主观和客观因素的影响），市场经济中的商品或者资产的价格就不可能一成不变。相反，它们存在相当的不确定性，而这正是市场风险的来源。

明白了这个道理，我们就能理解，所谓投资，不正是识别市场风险、承担市场风险并最终驾驭市场风险的行为吗？

## 四、史料一瞥

### 上海证券交易所的"红马甲"

1990 年 12 月 29 日是上海证券交易所正式开市的第一天。那时候，人们还不能像现在一样坐在自己家里，轻松地点击个人电脑，进行网上交易。股民们想要买卖股票，就需要用电话通知交易所里的中介人员，买多少，卖多少，出价多少。

这些常驻交易大厅的中介人员就是右图中穿红马甲的交易员。他们一边接着电话中客户的委托指令，一边在交易所的主机上向其他"红马甲"发出交易需求。

股民之间的买卖，必须通过"红马甲"这一中介来完成，"红马甲"正是我国早期股票市场的重要组成部分。"红马甲"们的工作状态，就是整个股票市场行情的缩影："红马甲"们繁忙，表明市场活跃；而"红马甲"们清闲，市场则交易冷淡。

随着信息技术的发展，如今股票买卖双方可以直接从自己的个人电脑发出委托，交易所的计算机收到委托后，会自动实现撮合交易。现代股票市场不再需要"红马甲"，交易所的大厅也变得空空荡荡。

尽管存在的形式随时代而不断地变迁，但是那令人魂牵梦绕的市场，依然还是那个市场。

# 第十章　预算是什么

　　"凡事预则立，不预则废。"我们做事情都需要提前考虑，仔细安排。不然，就会顾此失彼，陷入被动。新的学期，让我们从主动做计划开始吧！

## 一．预算就是计划

小花：马上又要过年了，又有红包收啰！你准备用你的压岁钱做什么呢？

宝宝：爸爸说我长大了，我可不想让奶奶再把我的压岁钱都存银行了，今年我要自己做主哦！

小花：是啊，希望大人们能听到我们小朋友的心声。不过，自己做主好难啊，没有头绪，想不清楚……

宝宝：我们去找教授帮忙吧！

**教授说**

快过年了，小朋友们马上又可以收到好多红包，这次可不能像以前那样，都拿去买好吃的、好玩的了。想想去年收的压岁钱，是不是早就没影了？今年，我们需要做个计划。

马上又要过年了，又有红包收啰！你准备用你的压岁钱做什么呢？

　　怎么做计划呢？就像小花说的，没有头绪哦！教授这里给小朋友们介绍一个做计划的好工具，叫作"预算表"。

　　预算就是预先计算，就是对我们来年可能得到的所有收入，以及准备执行的所有支出做个细化的安排。

　　有了这个计划，我们就可以对照着看看，我们最后做到了吗？效果怎么样呢？

　　我们还可以与小朋友们相互交流各自的计划，取长补短，不断调整优化。预算表可真是个好东西呢。

## 二、如何做预算

现在我们就来看看怎么做预算吧！

首先呢，预算包括两个大项：收入与支出。而支出又包括两个小项：消费与投资。

## （一）收入

这一项是明年我们预期的总收入，包括压岁钱、零花钱、做家务的劳务费、出售二手物品的收入、去年的投资所得等。

## （二）支出

支出项中，我们需要计划如何将收入都花出去。也就是说，小朋友们要自己决定如何进行消费与投资。

消费

这一项就是把钱花掉，买自己喜欢吃的、喜欢玩的东西，让自己快乐！这一项就不用教授教你们了，反而是要提醒大家，要学会勤俭节约。控制，控制……

投资

这一项就是将收入用于购买投资资产，获取收益了！你可以投风险资产，比如股票；也可以投无风险资产，比如银行存款。快快准备好你的"水晶球"吧！

小朋友们做的预算中，如果收入大于支出，那么你们就会发现，有一部分钱结余下来。这部分钱就是暂时没有支用的现金，以备不时之需或日常使用。小朋友可以马上用于消费，也可以把它转入投资项下。

如果你们做的预算，支出大于收入，那么结余就变成了负数。这个预算可行吗？对啰，这额外的支出就只能靠向别人借款来实现啦。这时，接受考验的就是小朋友们的信用了！

## （三）消费还是投资

小朋友们在做预算时会发现，如果消费多了，那么用于投资的钱就会变少。投资就像下一年收入的种子哦，种子少了，下一年源于投资的收入就会减少。相应地，我们下一年的消费也势必受到影响。

但是，小朋友们会问，只投资不消费，做投资干吗呢？毕竟小朋友们的成长需要消费啊，难道投资不是为了更好地消费吗？嗯，教授不得不说，消费还是投资，这一直是个问题。这个问题只能留给小朋友们自己来解决了！

## 三．我的预算表

快快来做预算表吧！

请按表 1 的例子，在表 2 中做出我们的预算吧。让我们都做有规划的好孩子！

### 表 1 ＿＿＿＿＿学期＿＿＿＿宝宝＿＿＿预算表

| 收入项 | |
|---|---|
| 各收入项明细 | 金额（元） |
| 压岁钱 | 10000 |
| 做家务 12 次 | 120 |
| 帮助废物回收 | 80 |
| 收入小计 | 10200 |
| 支出项 | |
| 各支出项明细 | 金额（元） |
| 买文具 | 30 |
| 买饮料 | 50 |
| 买图书 | 200 |
| 投资：存款或买股票 | 8500 |
| 支出小计 | 8780 |
| 结余 | 1420 |

## 表 2 _____学期_____预算表

| 收入项 | |
|---|---|
| 各收入项明细 | 金额（元） |
| | |
| | |
| | |
| 收入小计 | |
| 支出项 | |
| 各支出项明细 | 金额（元） |
| | |
| | |
| | |
| | |
| 支出小计 | |
| 结余 | |

# 后 记

　　写到这里，这本书就结束了，我们真有点意犹未尽，不知道小朋友们是不是也有同样的感觉。这本小书就像一扇小窗，让小朋友们看到了经济、金融生活的丰富与多彩。未来还有更多、更广阔的世界等待我们去探索，去思考。

　　我们期待未来能有机会创作出更多更精彩的内容。孩子们的成长，同样也让我们成长！